GIJ CIHSIZ NDOJDEUZ DEIHDOENGH

防震小常识

Gvangjsih Bouxcuengh Swcigih Dicingiz

广西壮族自治区地震局 /

Bwzswz Si Dicingiz

百色市地震局 /

Bien
编

Gvangjsih Gohyoz Gisuz Cuzbanjse

广西科学技术出版社

图书在版编目（CIP）数据

防震小常识：汉、壮 / 广西壮族自治区地震局，百色市地震局编．—南宁：广西科学技术出版社，2019.9（2024.1 重印）
ISBN 978-7-5551-1213-6

Ⅰ. ①防… Ⅱ. ①广… ②百… Ⅲ. ①防震减灾—青少年读物—汉语、壮语 Ⅳ. ① P315.94-49

中国版本图书馆 CIP 数据核字（2019）第 189873 号

防震小常识
FANGZHEN XIAO CHANGSHI

广西壮族自治区地震局
百色市地震局 编

策　　划：李　姝	责任校对：陈剑平
责任编辑：黎　坚　袁　虹	责任印制：韦文印
装帧设计：梁　良	绘　　图：麦志远

出 版 人：卢培钊
出版发行：广西科学技术出版社
社　　址：广西南宁市东葛路 66 号　　　　邮政编码：530023
网　　址：http://www.gxkjs.com
印　　刷：北京虎彩文化传播有限公司

开　　本：889 mm × 1240 mm　　1/32
字　　数：21 千字　　　　　　　　　　　印　　张：1
版　　次：2019 年 9 月第 1 版
印　　次：2024 年 1 月第 4 次印刷
书　　号：ISBN 978-7-5551-1213-6
定　　价：20.00 元

编委会

主　　编：李伟琦

编　　委：南义乐

　　　　　王　林

　　　　　孔电平

　　　　　李燕宁

执行编委：王　林

GIJ CIHSIZ NDOJDEUZ DEIHDOENGH

目 录
MOEGLOEG

二 | Deihdoengh Dwg Yiengh Maz
地震是怎么回事

Youq gwnz aen digiuz hungloet youh hoenghhwdhwd neix, moix bi bingzyaenz fatseng 500 fanh baez baedauq deihdoengh, ndawde gij hawj vunz roxnyinh daengz miz 5 fanh baez baedauq, gij cauxbaenz buqvaih miz 1000 baez baedauq, deihdoengh 7 gaep doxhwnj miz 18 baez baedauq, cawzhai gij deihdoengh soqmoeg haemq noix de lumjdwg deihdoengh hojsanh、deihdoengh loemqlak (conghrinbya、conghvatgvang lakroengz) deihdoengh suijgu caixvaih, 90% doxhwnj dwg deihdoengh goucau. Gij yienzaen cauxbaenz deihdoengh goucau haemq fukcab, cujyau dwg aenvih digiuz caeuq gij doxgaiq baihndaw de yindung mbouj dingz, coi ok gij rengz hungloet, coi hawj caengzrin lajnamh fwt goenq roxnaeuz deng doengh coi baenz. De ciengzseiz ganhyauj、buqvaih gij swyenz vanzging digiuz, haephangz daengz sengmingh caizcanj ancienz vunzloih.

在这巨大又充满生机的地球上，平均每年发生约500万次地震，其中人们感觉到的约5万次，造成破坏的约1000次，7级以上地震约18次，除为数较少的火山地震、塌陷（溶洞、矿洞坍塌）地震、水库地震外，90%以上是构造地震。构造地震的成因相当复杂，主要是由于地球及其内部物质的不断运动，产生巨大的力，使地下岩层断裂或错动而形成的。它时常干扰、破坏着地球的自然环境，威胁着人类的生命安全。

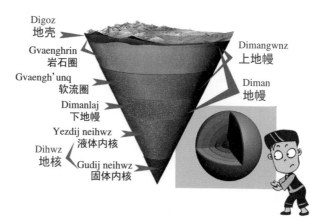

Digoz
地壳

Gvaenghrin
岩石圈

Gvaengh'unq
软流圈

Dimanlaj
下地幔

Yezdij neihwz
液体内核

Dihwz
地核

Gudij neihwz
固体内核

Dimangwnz
上地幔

Diman
地幔

Gij doxgaiq ndaw diman riuzdoengh coi doengh banjgvaij caengzrin nod numq.

地幔物质的流动带动岩石层板块缓慢移动。

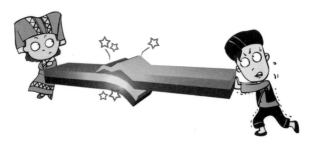

Banjgvaij caengzrin doxbungz, hawj mbangj gaiq rin ndaw digoz souh gij rengz comz ndaej nanz haenx daeuj dingj.

岩石层板块的相对运动和相互作用，使地壳中的局部岩石受长期积累的力的作用。

Mwh rin souh mbouj ndaej rengz dingj fwt goenq couh cauxbaenz deihdoengh(deihdoengh diegfeuz).

当岩石不能承受而突然发生断裂时形成地震（浅源地震）。

Gij Gihbwnj Cihsiz Deihdoengh
地震基本常识

● Cinyenz: Dieg ndaw digiuz fatseng deihdoengh.

震源：地球内部发生地震的地方。

● Cincungh: Gwznnamh cingq cinyenz.

震中：震源正上方的地面。

● Cincunghgi: Gij giliz gizdamqyawj daengz cincungh.

震中距：观测点到震中的距离。

● Dohlaeg cinyenz: Gij giliz cinyenz daengz cincungh.

震源深度：震源到震中的距离。

● Cingiz: Dwg aen daengjgaep hung iq naengzliengh deihdoengh fat ok, dwg yungh dicinyiz coq youq gak dieg caek dingh ok. Cingiz moix demlai gaep ndeu, gij naengzliengh cinyenz cuengq ok de demlai 33 boix baedauq. Seizneix aen daengjgaep deihdoengh ceiq hung daengx seiqgyaiq geiqloeg ndaej haenx dwg 9.5 gaep.

震级：表示地震能量大小的等级，是用设置在各地的地震仪测定的。震级每增加一级，震源释放的能量大约增加 33 倍。现在世界上记录到的最大震级是 9.5 级。

● Dohdek: Dwg gij cingzdoh byaujsi deihdoengh yingjyangj caeuq buqvaih gwznznamh, dwg ciuq aen cingzdoh hawj vunz roxnyinh、gwznznamh caeuq gij ranz ngaiz buqvaih de daeuj doekdingh, caemh aen deihdoengh ndeu, dieg mbouj doengz dohdek hix aiq mbouj doengz. Itbuen daeuj gangj, liz cincungh yied gyae, dohdek yied daemq.

烈度：表示地震对地面影响和破坏的程度，是根据人的感觉、地表和建筑物破坏程度确定的，同一次地震，在不同地点可以有不同的烈度。一般来说，离震中越远，烈度越低。

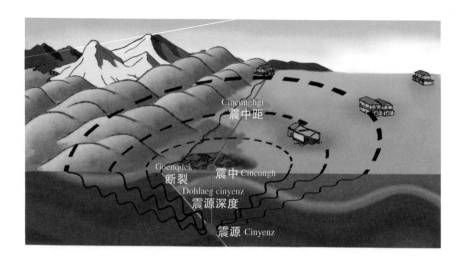

Baenzlawz Yawjrox Dwg Deihdoengh Yaek Daengz
如何识别地震的前兆

Mwh yaek deihdoengh dwg miz gij yiengh loh ok hawj vunz raen. Yaek miz deihdoengh hung, aenvih ndaw aen digiuz fatseng yindung haenqraeuh, hawj gwnznamh miz di nyeng, denliuz、diswzcangz、diyingliz、divwnh、raemxlajnamh doenghgij doxgaiq lajnamh neix caemh fatseng bienqvaq, doenghduz hix luenh saet luenh hemq, miz di'gvangh、diswngh、fwn haenq mbwn rengx doenghgij neix. Hoeng, miz mbangj yiengh youh mbouj itdingh dwg yaek fat deihdoengh, neix aeu nyinhcaen daeuj gohyoz fwnhsiz.

地震是有前兆的。在大地震前，由于地球内部发生剧烈运动，引起地面的微小倾斜，地下电流、电磁场、地应力、地温、地下水等发生相应变化，动物有异常反应，出现地光、地声、天气异常等现象。但是，有些现象并不一定都是地震的前兆，需要进行认真的科学分析。

Mbwnrengx raemxcingj fwt mauh ok.

天旱井水冒。

Mbouj miz fwn seiz, raemx bienq hoemz, bienq saek bienq feih youh yak nyouq.

无雨时，水变浊，变色变味又难闻。

Mauh heiq youh rox yiengj, fan goenj ok bop.

喷气又发响，翻冒气泡。

Ciudaeuz hungzgvanh: Gij yiengh yaek deihdoengh hawj vunz lwgda yawj raen mbawrwz dingqnyi haenx, lumj raemxlajnamh yaep hwnj yaep roengz、doenghduz saetdiuq luenh hemq daengj.

宏观前兆：能被人的感觉器官直接观察到的地震前兆，如地下水异常、动物异常等。

Ciudaeuz veizgvanh: Gij yiengh yaek deihdoengh hawj vunz da yawj mbouj raen rwz dingq mbouj ok haenx, de aeu yungh yizgi cij damq ndaej ok.

微观前兆：不能被人的感觉器官直接观察，需要仪器才能测出的地震前兆。

Yaek Deihdoengh Doenghduz Miz Biujyienh Mbouj Bingzciengz
震前动物有异常反应

Duzmax duzloz lau haeuj riengh.	骡马受惊不进圈。
Duznou beuj ranz youh luenh buet.	老鼠搬家到处跑。
Duzmou naiq mok buet ok rog.	猪不进圈往外逃。
Duzngwz seizdoeng ndonj ok congh.	蛇儿冬眠早出洞。
Bitgaeq saetdiuq mbin gwnzfaex.	家禽惊叫飞上树。
Duzma daengxngoenz raeuqvaeuvaeu.	大震之前狗狂叫。

Gaej Saenq Gij Vahyaeuh Deihdoengh
不要听信地震谣传

Guekgya doiq yawhbauq deihdoengh hengzguh aen cidu doengjit fatbouh. Yawhbauq deihdoengh itbuen dwg hawj yinzminz cwngfuj sengjgaep fatbouh. Danhvei caeuq goyinz mbouj ndaej gag yiengq ndawbiengz luenh fatbouh gij yigen yawhduenq deihdoengh.

国家对地震预报实行统一发布制度。地震预报一般由省级人民政府发布。任何单位和个人不得擅自向社会散布地震预测意见。

Baenzlawz Roxnaj Gij Vahyaeuh Deihdoengh
怎样识别地震谣传

Gij siusik "yawhbauq" daengjgaep deihdoengh de gig cinj, seizlawz deihdoengh、gizlawz deihdoengh gig cingcuj couhdwg vahyaeuh, gij saenqsik luenh daeuj dwg vahyaeuh, doenghgij dingqnaeuz deihdoengh daiq miz yienghsaek funghgen maezsaenq caeuq mbouj sam mbouj seiq haenx engq dwg vahyaeuh.

"预报"的地震震级很准确，发布时间、地点很具体的消息是谣传，地震小道消息是谣传，凡带有封建迷信色彩和离奇古怪传说的地震传闻更是谣传。

Dingq Daengz Vahyaeuh Deihdoengh Baenzlawz Guh
怎样对待地震谣传

Mbouj saenq, mbouj luenh gangj, sikhaek bauq baihgwnz.

不相信，不传谣，及时报告。

一 Bwh Ndei Fuengz Deihdoengh
做好防震准备

● Cingleix ndei huqlabcab, hawj bakdou、honghlaeuz doengseuq.

清理杂物，让门口、楼道畅通。

● Daengj maenh gij gyasei sanghung ndawranz, mbouj hawj gyasei laemx deng vunz, baijcuengq gyasei doxgaiq aeu guh daengz yienghnaek baij youq laj, yienghmbaeu baij youq gwnz.

固定高大家具，防止家具倾倒砸人，家具物品摆放做到重的在下，轻的在上。

● Bwh ndei aen daeh fuengz deihdoengh ndeu, coq youq giz heih aeu.

准备一个家庭防震包，放在便于拿取处。

● Dawz ok gij doxgaiq yienzlaiz coq youq laj gyasei maenh de, yungh daeuj bwh guh dieg ndojndang mwh deihdoengh.

把牢固的家具下腾空，以备地震时藏身。

Deihdoengh Daengz Le Baenzlawz Guh
地震来了怎么办

Son Mwngz Ndoj Deihdoengh

避震要点

● Deihdoengh daengz le ra gizgyawj ndoj, deihdoengh gvaq le ganjvaiq buet bae daengz dieg ancienz.

地震时就近躲避，地震后迅速撤离到安全地方。

● Youq gyangranz ndoj deihdoengh wngdang genj youq laj (henz) doxgaiq ndongjmaenh、ndaej baujhoh ndangdaej, giz yungzheih gaqbaenz dieghoengq samgak, giz hoenggan iq youh dingj ndaej maenh de.

在室内避震应选择结实、能掩护身体的物体下（旁），易于形成三角空间的地方，开间小、有支撑的地方。

● Youq rogranz ndoj deihdoengh wnggai genj dieg gvangqlangh youh ancienz.

在室外避震应选择开阔、安全的地方。

Ndawranz Dieg Yungzheih Gaqbaenz Dieghoengq Samgak Dwg
室内易于形成三角空间的地方

● Henzgyawj gij gyasei ndongjmaenh de.

坚固家具附近。

● Goekciengz、gakciengz ndaw ranz.

内墙墙根、墙角。

● Ranzdajcawj、cwzsoj、rugcouxhuq doenghgij dieg iqet neix.

厨房、厕所、储藏室等开间小的地方。

Cungj yiengh gag hen neix ciemq dieg noix, mbouj suenq sang, noix ngaiz gij rin caep ranz soiq doek deng, ndaej haemq nanz guh yiengh gag hen neix.

这个保护姿势占地小，高度低，被破碎建筑石块砸中的概率也小，可以长时间保持这个姿势。

Geiqmaenh

切记

Cienfanh gaej diuq laeuz!

千万不要跳楼！

Gaej ok yangzdaiz bae!

不要到阳台去！

Gaej ndwn youq henz cueng!

不要站在窗边！

Minghvunz ngamq miz diuz dog.

人命只有一条。

Youq Hagdangz Baenzlawz Ndoj Deihdoengh
在学校怎么避震

● Mwh cingq hwnjdangz, aeu youq lauxsae cijveih baihlaj vaiqvwd hoh gyaeuj, ndoj haeuj laj daiz bonjfaenh bae, caemhcaiq laepda hwnjdaeuj.

正在上课时，要在教师指挥下迅速抱头，躲在各自的课桌下，并闭眼。

● Mwh youq cauhcangz roxnaeuz rog gyausiz, couh maeuq youq dieggaeuq, song fwngz hoh gyaeuj.

在操场或室外时，可原地蹲下，双手保护头部。

● Gaej dauqma gyausiz.

不要回到教室。

Deihdoengh gvaq le lij lwmiz gij deihdoengh iq riengzlaeng, dwg mbouj dwg deihdoengh ceiq haenq lij caengz rox ne! Mbouj muengz dauqma gyausiz.

主震过后还有余震，这是不是主震还不知道呢！先不要回教室。

Doxgaiq gou lij youq ndaw gyausiz ne.

我的东西还在教室里。

教学楼

Gyoengq doengzhag cingj boux riengz boux okbae, gaej luenh buet!

同学们请一个跟紧一个，别乱跑！

一楼教室

Youq Ndawranz Baenzlawz Ndojdeuz Deihdoengh
在家里怎么避震

● Ranz youq caengzlaeuz daemq: Caenhliengh hoh ndei aen gyaeuj, bongh ok ranz bae daengz dieg gvangq. Danghnaeuz ganj mbouj gib, couh youq gyawj ndoj haeuj laj gyasei gengmaenh bae, hoh gyaeuj bomz youq giz yungzheih gaqbaenz dieghoengq samgak, lij ra gihvei deuz ok rog bae.

家住底层楼房：尽量保护头部，冲出房间到空旷地带。如果来不及，就近在坚固的家具下躲藏，抱头卧趴在易于形成三角空间的地方，再伺机转移到户外。

● Ranz youq laeuzsang: Deuz ok laeuzsang aeu byaij diuz dunghdauancienz, cienfanh gaej diuq laeuz, gaej naengh dendih. Danghnaeuz seiz deihdoengh fatseng lij youq ndaw dendih, wnggai caenhvaiq lizhai, danghnaeuz dendih hai mbouj ok, couh got gyaeuj maeuq roengz, gaem maenh gaiqbaengh.

家住高楼：撤离高楼应走安全通道，千万不能跳楼，不要坐电梯。如果地震时在电梯里，应尽快离开，若打不开电梯，要抱头蹲下，抓牢扶手。

Youq Giz Dieg Gunghgung Baenzlawz Ndojdeuz Deihdoengh
在公共场所怎么避震

Youq Sanghcangz、Deihdiet Doenghgij Neix
在商场、地铁等处

● Genj henz aen'gvih gengmaenh roxnaeuz henz diuzsaeu, caeuq gak ciengzndaw gizde maeuq roengz, yungh fwngz roxnaeuz doxgaiq daeuj hoh gyaeuj.

选择结实的柜台或柱子边，以及内墙角等处就地蹲下，用手或其他东西护头。

● Gaej ndoj youq henz aen'dou、aencueng bohliz.

避开玻璃门窗、橱窗。

● Gaej ndoj youq henz aen'gyaq sanghung youh naek youh mbouj maenh roxnaeuz baijcuengq gij doxgaiq naek、yungzheih soiq haenx.

避开高大不稳定或摆放重物、易碎品的货架。

● Ndojdeuz gij baizgvangjgau、daenghoij doenghgij doxgaiq venj aeu neix.
避开广告牌、吊灯等悬挂物。

Gvangjbo gaenjgip!
紧急广播!

Gaej vueng! Gaej caenx bae coh diegok, gaej doxcaenx!
不要慌张!不要拥向出口,要避免拥挤!

Youq Yingjgiyen、Dijyuzgvanj Doenghgij Neix

在影剧院、体育馆等处

● Youq diegde maeuq roengz roxnaeuz bomz youq laj daengqbaiz.

就地蹲下或趴在排椅下。

● Haeujsim ndojdeuz daenghoij、densan doenghgij huq venj neix.

注意避开吊灯、电扇等悬挂物。

● Caj deihdoengh gvaq le, dingq vunz guhhong gizde cijveih, miz cujciz lizhai.

等地震过后，听从现场工作人员的指挥，有组织地撤离。

Youq Ndaw Gunghgung Gyauhdungh Gunghgi

在公共交通工具内

● Gaem maenh gaiqbaengh, baexmienx laemx roxnaeuz bungq sieng.

抓牢扶手，以免摔倒或碰伤。

● Gaeuz hwet, ndoj youq henz diegnaengh.

降低重心，躲在座位附近。

● Deihdoengh gvaq le cij roengz ci.

地震过后才下车。

Youq Baihrog Baenzlawz Ndojdeuz Deihdoengh

在户外怎么避震

Youq Henzgyawj Ra Dieg Gvangqlangh

就地选择开阔地

● Maeuq roengz roxnaeuz bomz roengz, baexmienx laemx.

蹲下或趴下，以免摔倒。

● Gaej luenh buet, mbouj bae gizdieg vunz lai.

不要乱跑，避开人多的地方。

● Gaej seizbienh dauq buet haeuj ndaw gyausiz bae.

不要随便跑回教室。

Lizhai Gij Huqyiemj Roxnaeuz Huqvenj

避开危险物或悬挂物

● Lizhai benyazgi、denganj、lohdaeng.

避开变压器、电杆、路灯。

● Lizhai baizgvangjgau、diuceh doenghgij neix.

避开广告牌、吊车等。

Lizhai huqyiemj、huqvenjsang.

避开危险物、高耸悬挂物。

Lizhai Gij Laeuzsang Caeuq Gij Doxgaiq Caep Baenz Nda Baenz Haenx

避开高大建筑物或构筑物

● Lizhai ranzlaeuz, daegbied dwg gij ranzlaeuz nem ciengzbohliz.

避开楼房，特别是有玻璃幕墙的建筑。

● Lizhai giuzgvaqgai、giuzlaebgyau.

避开过街桥、立交桥。

● Lizhai conghheuq sang、suijdaz.

避开高烟囱、水塔。

Lizhai gij laeuzsang caeuq gij doxgaiq caep baenz nda baenz haenx.

避开高大建筑物或构筑物。

Lizhai Gij Diegyiemj Wnq
避开其他危险场所
- Lizhai diuzgai gaeb.
避开狭窄的街道。
- Lizhai ranzyiemjgaeuq、ciengzyiemj.
避开危旧房屋、危墙。
- Lizhai dieg doi cien vax、faex.
避开砖瓦、木料等物的堆放处。

Baenzlawz Doxbang Gaggouq
如何自救互助

Deihdoengh hung gvaq le, yaek miz gij deihdoengh iq riengzlaeng fatseng, vanzging aiq bienq engq vaih, aeu caenhliengh gaijndei gij vanzging bonjfaenh youq, dingh roengzdaeuj le, siengj banhfap lizhai diegyiemj.

大震后，余震还会不断发生，环境可能进一步恶化，要尽量改善自己所处的环境，稳定下来，设法脱险。

Danghnaeuz Ngaiz Moek Baenzlawz Guh
如果被埋压怎么办

- Siengj banhfap ndojdeuz gij huqlak、huqvenj roxnaeuz huqyiemj mbouj maenh baihgwnz ndang.
设法避开身体上方不结实的倒塌物、悬挂物或其他危险物。

● Beujhai vaxsoiq doenghgij labcab henzndang neix, mbe gvangq diegyouq. Haeujsim, gij labcab beuj ndaej cij beuj, baexmienx huqlabcab seiqhenz youh lak roengzdaeuj.

搬开身边的碎瓦等杂物，扩大活动空间。注意，搬不动时千万不要勉强，防止周围杂物进一步倒塌。

● Siengj banhfap yungh cien、faexgyaengh doenghgij neix dingj gij ciengzyiemj, baexmienx de youq mwh deihdoengh baezlaeng daeuj laemx deng vunz.

设法用砖头、木棍等支撑残垣断壁，防止余震时再被埋压。

● Gaej seizbienh sawjyungh gij sezbei ndaw ranz, baudaengz dienh doenghgij neix, hix mbouj ndaej diemj feiz.

不要随便动用室内设备，包括电源等，也不要使用明火。

● Nyouq daengz heiqmeiz、heiqdoeg caeuq heiq mbouj doengz roxnaeuz faenx noengz gvaqbouh, siengj banhfap yungh gaen buh dumz goemq bak goemq ndaeng.

闻到煤气及有毒异味或灰尘太大时，设法用湿衣物捂住口、鼻。

● Gaej luenh hemq, bwh ndei rengzndang, roq ok sing hawj vunz daeuj gouq.

不要乱叫，保持体力，用敲击声音求救。

Fapgouqvunz
救人方法

● Mwh vat bouxngaizmoek aeu hoh ndei gij huqdingj, baexmienx de youh lak roengz sieng vunz.

挖掘被埋压人员时应保护支撑物，以防进一步倒塌伤人。

● Hawj bouxsieng loh gyaeuj okdaeuj gonq, uet seuq gij doxgaiq ndaw conghbak conghndaeng de, hawj de ndaej diemheiq swnh, danghnaeuz mbaetheiq, wngdang sikhaek yungh vunz bang de diemheiq.

使伤者先露出头部，清理其口、鼻内异物，保持呼吸畅通，如有窒息，应立即进行人工呼吸。

● Seiz bouxngaizat gag benz okdaeuj mbouj ndaej, mbouj ndaej ngangz rag ok; ram bouxndoksaensieng, wnggai yungh benjdou roxnaeuz danhgya genq.

被压者不能自行爬出时，不可生拉硬扯；搬运脊椎损伤者，应用门板或硬担架。

● Mwh raen bouxlix youh camhseiz gouq mbouj ndaej ok, wngdang yungh doxgaiq geiq diegde roengzdaeuj, gibseiz gouzgouq.

当发现一时无法救出的存活者时，应立下标记，及时求救。

Yenzcwz Gouq Vunz
救人原则

● Gouq boux gyawj gonq, liux cij gouq boux gyae.

先救近，后救远。

● Gouq boux yungzheih gouq gonq, liux cij gouq boux hoj gouq.

先救容易，后救难。

● Gouq bouxmbauqcoz caeuq bouxywbingh gonq, hawj gyoengqde daeuj bangfwngz.

先救青壮年和医务人员，以增加帮手。